긴꼬리투구새우가 궁금해?

긴꼬리투구새우가 궁금해?

펴낸날 2018년 6월 4일

지은이 변영호

펴낸이 조영권
만든이 노인향, 김영하
꾸민이 토가 김선태

펴낸곳 자연과생태
주소 서울 마포구 신수로 25-32, 101(구수동)
전화 02) 701-7345~6 **팩스** 02) 701-7347
홈페이지 www.econature.co.kr
등록 제2007-000217호

ISBN : 978-89-97429-92-9   03490

긴꼬리투구새우가
궁금해?

글·사진 **변영호**

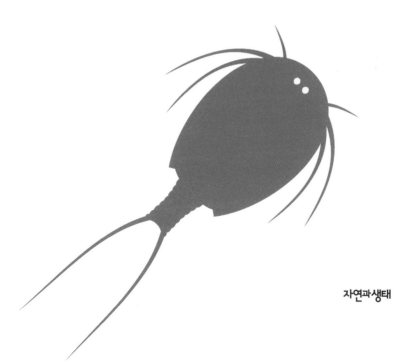

자연과생태

20년 동안 아이들과 함께 둘레 생물을 탐구하는 '하늘강 동아리'를 운영했습니다. 일운초등학교 하늘강 1기(1999~2003)로 시작해 칠천초등학교 하늘강 2기(2004~2006), 계룡초등학교 하늘강 3기(2007~2010), 명사초등학교 하늘강 4기(2011~2013), 오비초등학교 하늘강 5기(2014~2016), 거제초등학교 하늘강 6기(2017~현재)까지 이어지고 있습니다.

긴꼬리투구새우와 인연을 맺은 것도 하늘강 아이들과 함께 활동할 때였습니다. 2003년 6월 12일 아침에 긴꼬리투구새우를 처음 만났습니다. "선생님 이게 뭐예요?"라고 외치며 달려오던 아이들, 관찰용 접시에서 꼼지락거리던 이상한 생물, 그날 가슴 쿵쾅거렸던 기억이 지금도 생생합니다.

긴꼬리투구새우를 만났지만 아이들과 저는 아는 게 하나도 없었습니다. 그러다가 긴꼬리투구새우가 공룡시대부터 살았다는 사실을 알았고 오랜 세월 동안 어떻게 살아남았는지, 앞으로 어떻게 살아갈지도 궁금해져 답을 찾고 싶었습니다. 아이들과 긴꼬리투구새우를 찾아 나섰고, 아이들은 자기 마을 어디에 긴꼬리투구새우가 사는지 살피며 기록했습니다.

이 책에 담긴 이야기는 저와 하늘강 아이들이 긴꼬리투구새우를 향해 품었던 호기심 그리고 함께 찾은 답입니다. 허술하거나 아쉬운 부분도 있습니다. 앞으로 이 책을 읽고 긴꼬리투구새우에 관심 가질 분들이 부족한 부분을 채우며 다음 이야기를 이어 가길 기대합니다.

이 책에는 또한 여러 분의 연구 성과가 담겨 있습니다. 김현태 선생님은 국내 투구새우 유전자 분석 결과와 아시아투구새우 사진, 서대문자연사박물관 김도권 연구원 님은 긴꼬리투구새우 화석 연구 결과, 윤정옥 선생님과 권순직 박사님은 풍년새우 연구 결과와 사진을 보내 주셨습니다. 그리고 고두철, 이창훈, 조상흠 선생님은 긴꼬리투구새우 초기 발생 과정을 함께 연구했습니다.

제혜진 선생님과 원종빈 박사님은 일본 자료 검색과 검토를, 김대민, 전형배 박사님은 영어 번역과 외국 자료 검색을, 하승룡, 이정은, 박지수 선생님은 영어 번역을 도와주셨습니다.

현장 생물 탐구 방법은 정광수 박사님, 김태우 박사님, 백유현 소장님, 성기수 선생님, 강의영 선생님께 질문하면서 배웠습니다. 생명 가치를 품을 수 있도록 지도해 주신 진주교육대학교 김명식 교수님, 따뜻한 세상을 꿈꾸는 '환경과생명을지키는 경남교사모임' 선생님들은 늘 큰 힘이 되었습니다.

사랑하는 아들 지호, 지민, 상훈이 응원해 주어 여기까지 왔습니다. 늘 나를 등에 태우고 사막을 건너는 사람이 있습니다. 존경하는 아내 임경연입니다. 고맙고 사랑합니다.

2018년 6월
변영호

논과 천생연분이야

투구새우가
뭐예요?

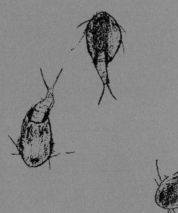

 살아있는 화석

아주 옛날에 나타나서 지금까지 같은 모습으로 사는 생물을 살아있는 화석(living fossil)이라고 합니다. 실러캔스, 악어, 양쯔강돌고래, 잠자리, 투구새우, 투구게, 은행나무가 그런 예입니다.

　투구새우 화석은 3억 5,000만 년 전 고생대 석탄기 독일 지층에서 처음 나왔고 그 뒤 중생대 백악기 지층에서도 나왔는데 그때나 지금이나 생김새가 같습니다. 오랜 세월 같은 생김새로 살아온 비결은 아마도 변화무쌍한 자연환경을 극복하는 지혜가 있거나 진화가 필요 없는 완벽한 구조이기 때문이겠지요.

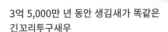

**3억 5,000만 년 동안 생김새가 똑같은
긴꼬리투구새우**

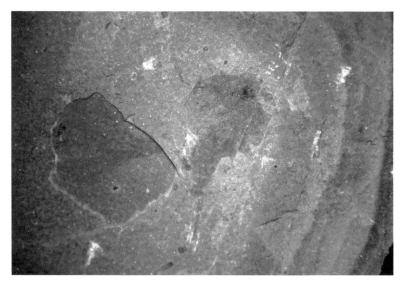

쥐라기 중국 허베이 성에서 나온 투구새우 화석

후기 쥐라기 중국 랴오닝 성 이시안층에서 나온 투구새우 화석

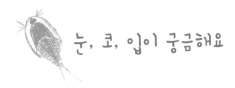

눈, 코, 입이 궁금해요

긴꼬리투구새우는 머리, 가슴, 배, 꼬리로 나뉘지만 머리와 가슴, 배가 뚜렷하게 구분되지 않습니다. 몸은 35~38마디로 이루어지며 몸 절반은 단단한 외골격입니다. 배마디는 25~27개, 다리 마디는 19~20개, 다리 없는 배마디는 6~8개입니다.

● 옆

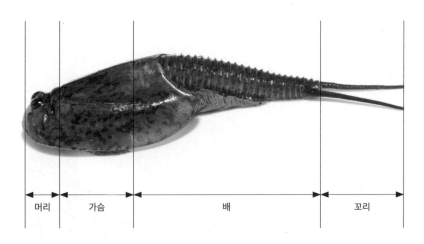

| 머리 | 가슴 | 배 | 꼬리 |

◉ 마디 수

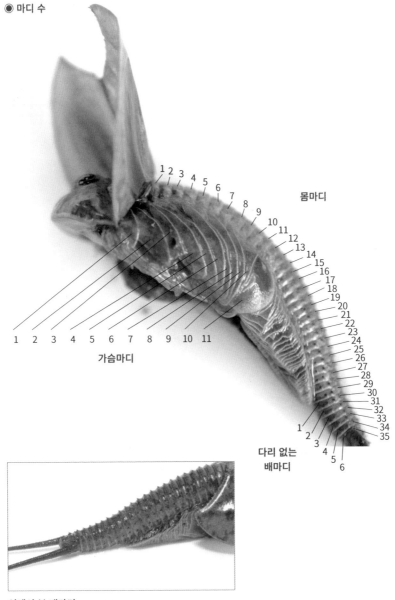

몸마디

가슴마디

1 2 3 4 5 6 7 8 9 10 11

다리 없는
배마디

옆에서 본 배마디

● 각 부위 이름

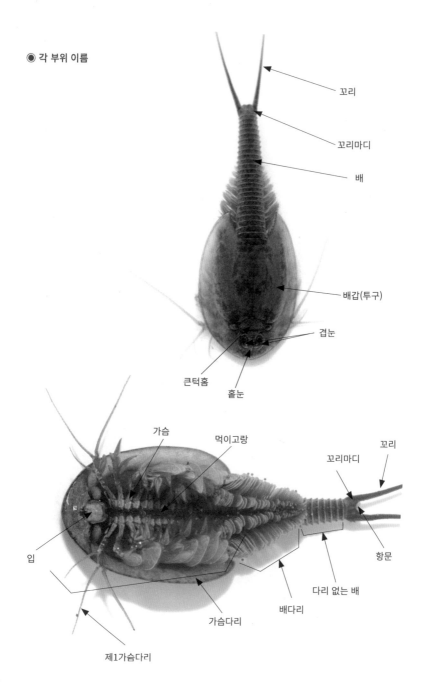

꼬리

꼬리마디

배

배갑(투구)

겹눈

큰턱홈

홑눈

가슴

먹이고랑

꼬리

꼬리마디

입

항문

다리 없는 배

배다리

가슴다리

제1가슴다리

배갑과 눈

배갑은 머리와 가슴, 다리(보각)를 감싸는 등껍데기입니다. 투구 모양으로 몸을 뒤집어 헤엄치기에 알맞습니다. 눈은 겹눈과 홑눈이 있습니다. 많은 낱눈으로 이루어진 겹눈은 양쪽에 붙어서 물체를 알아보고, 겹눈 사이에 있는 홑눈은 밝기를 느낍니다.

큰턱홈
겹눈
홑눈
겹눈

가슴다리

주걱 모양인 가슴다리는 진흙을 파거나 먹이를 모으고 먹을 때 씁니다. 가슴다리로 파동을 일으켜 물에 뜬 먹이를 고랑으로 모아 먹습니다. 제1가슴다리는 3갈래로 길게 나뉘며, 그중 하나는 균형을 잡는 데 쓰이거나 더듬이 역할을 합니다. 가슴마디 11개에 각각 부속지가 한 쌍씩 붙어 있습니다.

제1가슴다리
제2가슴다리
제3가슴다리
제4가슴다리
제5가슴다리
제6가슴다리
제7가슴다리
제8가슴다리
제9가슴다리
제10가슴다리
제11가슴다리

배다리

배에는 다리가 100개쯤 있습니다. 배다리로 물을 때리듯이 쳐 움직이고, 물에 녹은 산소(용존산소)를 마십니다. 또한 알집과 연결되어 알에 신선한 물과 산소를 전달합니다.

◉ 알집 위치와 배다리

알집에서 흘러나온 알

배다리

꼬리

꼬리는 채찍 모양으로 헤엄칠 때 방향과 균형을 잡습니다. 꼬리마디에 가시 모양 돌기가 있으며 그 배열에 따라 변이를 구별하지만, 종을 구별하는 잣대로 삼기에는 부족합니다. 꼬리는 끊어지면 다시 자랍니다.

◉ 꼬리마디 가시 배열

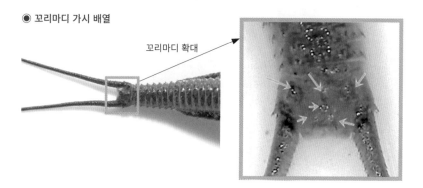

꼬리마디 확대

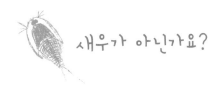

새우가 아닌가요?

이름에 '새우'가 붙어서인지 먹을 수 있는지, 맛은 어떤지 물어 오는 사람이 많습니다. 그래서 어떤 맛이 날지 궁금해서 튀겨 먹었더니 겉에 입힌 튀김옷 맛만 났습니다. 새우와 달리 속살이 없어 맛이랄 게 없었습니다.

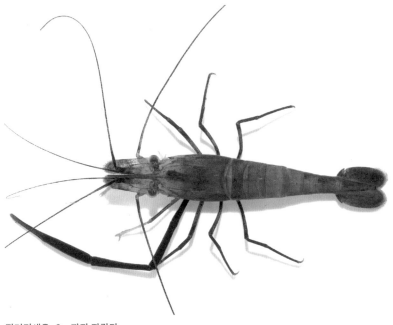

징거미새우. 8cm까지 자란다.

긴꼬리투구새우와 새우는 둘 다 절지동물이지만 생김새가 다릅니다. 긴꼬리투구새우는 배갑목에 속하며 머리, 가슴, 배가 뚜렷하지 않습니다. 새우는 십각목에 속하며 머리, 가슴, 배가 뚜렷하게 구분됩니다. 또한 긴꼬리투구새우는 머리와 가슴이 투구 모양이지만, 새우는 몸이 원통형 딱지로 덮여 있습니다. 그리고 새우 대부분은 바다에 살며, 민물에서 볼 수 있는 것은 징거미새우, 줄새우, 새뱅이 정도인데 긴꼬리투구새우는 민물에서도 논에만 삽니다.

줄새우. 4cm까지 자란다.

새뱅이. 2.5cm까지 자란다.

옆새우. 민물에 살며 새우와 관련이 없다.

논에만 사는 긴꼬리투구새우

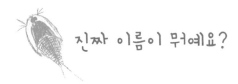
진짜 이름이 뭐예요?

긴꼬리투구새우를 두고 투구새우라고도 하고 미국투구새우라고도 합니다. 뭐가 맞는지 많은 분이 헷갈려 합니다. 예를 들어 개구리는 꼬리가 없는 양서류를 통틀어 부르는 말입니다. 개구리 무리에는 참개구리, 청개구리, 무당개구리 같은 여러 종이 있습니다. 따라서 개구리는 모든 개구리를 일컫는 무리 이름이고 참개구리, 청개구리, 무당개구리는 한 종의 이름입니다. 투구새우도 여러 투구새우 종류를 통틀어 부르는 이름이고, 긴꼬리투구새우는 투구새우 무리에 속한 한 종의 이름입니다.

그런데 헷갈리는 게 또 있습니다. 긴꼬리투구새우를 미국투구새우라고도 부릅니다. 일본은 우리나라보다 먼저 투구새우를 연구하면서 전 세계 투구새우 4종류에 미국투구새우, 아시아투구새우, 유럽투구새우, 오스트레일리아투구새우라는 이름을 붙였습니다. 그 분류에 따르면 우리나라에 사는 투구새우는 미국투구새우입니다. 그런데 우리나라에서 이 종에 붙인 공식 이름(국명)은 긴꼬리투구새우입니다. 그러니 긴꼬리투구새우라고 부르면 되는데, 연구자들이 투구새우 분포 측면에서 이야기할 때 미국투구새우라고 부르기도 해서 헷갈려 하는 사람이 많습니다. 긴꼬리투구새우와 미국투구새우는 같은 종을 부르는 다른 이름입니다(이 책에서도 기본적으로는 긴꼬리투구새우로 통일하되, 꼭 필요할 때에는 두 이름을 나란히 넣습니다).

왜 이런 일이 생길까요? 생물 이름을 나타내는 방식에는 두 가지가 있습니다. 학명과 국명입니다. 나라마다 언어가 다르기 때문에 똑같은 종이라도 제각각 다른 이름으로 불립니다. 그러다 보니 여러 나라 사람과 소통할 때 헷갈릴 수밖에 없습니다. 그래서 각 나라에서는 자기말(국명)로 부르더라도 세계 어느 나라에서나 쓸 수 있는 이름을 붙이자고 학계에서 약속한 이름이 학명입니다.

트리옵스라는 말도 많이 씁니다. 이는 학명과 관련이 있습니다. 학명은 무리와 종을 나타내는 두 단어로 이루어지며 이탤릭체로 기울여씁니다. 두 단어 가운데 앞쪽은 속명으로 무리를, 뒤쪽은 종소명으로

긴꼬리투구새우

종을 나타내는 이름입니다. 긴꼬리투구새우 학명에서 *Triops*는 속명, *longicaudatus*는 종소명입니다.

긴꼬리투구새우(우리나라에서 정한 국명)
= 미국투구새우(일본에서 긴꼬리투구새우를 가리키는 이름)
= *Triops longicaudatus*(전 세계에서 쓰이는 학명)

우리나라에서는 투구새우를 기르면서 관찰할 수 있는 트리옵스 사육 세트가 판매되고 있습니다. 대부분 긴꼬리투구새우(미국투구새우) 알이 들어있지만, 아닐 때도 있습니다.

우리나라에서 판매되는 트리옵스 사육 세트

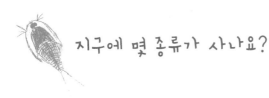

지구에 몇 종류가 사나요?

투구새우 연구는 1737년 쉐퍼(Schaffer)를 시작으로 유럽과 북미 대륙에서 이어졌습니다. 초기 투구새우 연구는 생김새가 특이해 몸길이, 배갑 길이, 배갑 가장자리 모양, 배갑으로 덮이지 않은 마디 수, 꼬리마디 형태 차이 등으로 종을 구별하는 작업이 대부분이었습니다. 그 뒤 생식 방법, 생활사, 알 특성, 염색체 분석 등으로 연구 분야가 넓어졌습니다.

투구새우는 생김새 변이가 심해 과거에는 여러 종으로 나눴습니다. 그러다가 투구새우 연구자 롱허스트(Longhurst, 1955)가 형태 변이, 생활사, 염색체 분석 등을 종합해 유럽투구새우, 미국투구새우, 아시아투구새우, 오스트레일리아투구새우 4종으로 정리했습니다.

유럽투구새우

Triops cancriformis (Bosc) Keilhack, 1909

쉐퍼(Schaffer, 1756)는 유럽에서 자라는 투구새우에 *Apus*라는 속명을 붙였습니다. 그런데 *Apus*는 이미 칼새 속명으로 지정되어서 슈랭크(Schrank, 1803)가 속명을 *Triops*로 바꿨습니다. 지금은 케일핵(Keilhack,

1909)이 붙인 *Triops cancriformis*가 유럽투구새우 학명입니다. 암수한몸이며, 일본 야마가타 현 사카타에서 발견되었고, 우리나라에서는 보이지 않습니다.

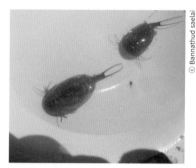

유럽투구새우

유럽투구새우

◉ 유럽투구새우 분포도

미국투구새우(긴꼬리투구새우)

Triops longicaudatus (LeConte) Longhurst, 1955

　미국투구새우는 콩트(LeConte, 1846)가 *Apus longicaudatus*로 발표했으나 그 뒤 롱허스트(Longhurst, 1955)가 멕시코, 갈라파고스, 하와이 등에 분포하는 종을 포함해 *Triops longicaudatus*로 수정했습니다. 패커드(Packard, 1871)는 북미에 자라는 투구새우 생김새와 분포를 자세히 연구해 배갑 크기, 배갑으로 덮이지 않은 마디 수, 다리 없는 마디 수, 꼬리마디 길이와 마디 수, 가시 배열 등에 따라 3종으로 나눴습니다. 그러나 그 뒤 연구 결과에 따르면, 투구새우 생김새는 변이가 많아 종을 나눌 때 중요한 요소가 될 수 없다고 했습니다.

미국투구새우(긴꼬리투구새우)

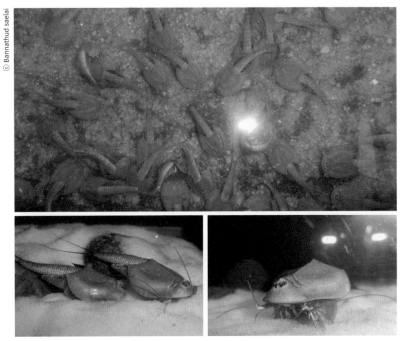

미국투구새우(긴꼬리투구새우)

◉ 미국투구새우(긴꼬리투구새우) 분포도

우리나라에서 긴꼬리투구새우라고 부르는 종이 미국투구새우이며 일본, 중국, 미국 등에 분포합니다. 미국투구새우는 배다리가 없는 부분의 마디 수가 6개, 8.5개, 10개인 종류로 나뉩니다. 우리나라에서는 6개인 개체만 확인되며, 미국에는 6개와 10개인 개체가 함께 삽니다.

아시아투구새우

Triops granarius Longhurst, 1955

루카스(Lucas, 1864)가 *Apus granarius*로 이름 붙였습니다. 티와리(Tiwari, 1952)가 인도에서 암수가 따로 있다는 사실을 확인했습니다. 그 뒤 롱허스트(Longhurst, 1955)가 몸길이, 몸마디 수, 다리가 없는 마디 수, 배갑, 꼬리마디 길이와 수를 측정하고, 특히 제2작은턱이 있는지 없는지를 확인해 *Triops granarius*로 정리했습니다.

© Bannathud saelai

아시아투구새우 암컷

암컷 등껍데기가 수컷보다 타원형에 가까워 구별할 수 있습니다. 우리나라에서는 2016년 충남 서산에서 처음 확인되었습니다. 일본에서는 1930년경 야마가타 현에서 처음 발견되었습니다.

© Bannathud saelai

아시아투구새우 암컷

◉ **아시아투구새우 분포도**

오스트레일리아투구새우

Triops australiensis (Spencer et Hall) Longhurst 1955

오스트레일리아투구새우는 스펜서와 홀(Spencer & Hall, 1896)이 *Apus australiensis*라고 이름 붙였으나 나중에 울프(Wolf, 1911)가 *Triops gracilis*와 *T. strenuus*로 구별했습니다. 그 뒤 롱허스트(Longhurst, 1955)가 배갑, 마디 없는 다리, 꼬리마디 모양과 길이, 수를 측정하고 제2작은턱이 없는 종을 추려 모두 *A. australiensis*와 같은 종으로 정리했습니다. 이 종은 오스트레일리아 대륙과 갈라파고스 제도에만 분포합니다.

● 오스트레일리아투구새우 분포도

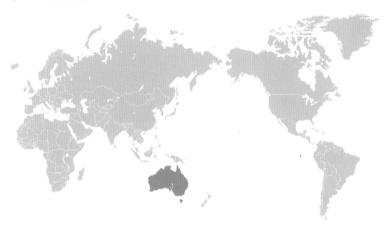

◉ 세계 투구새우 분포도

유럽투구새우
서부 유럽, 발칸반도, 러시아, 일본

미국투구새우(긴꼬리투구새우)
뉴칼레도니아, 하와이, 멕시코 서부, 서인도제도, 갈라파고스, 아르헨티나, 한국, 일본, 중국, 미국

아시아투구새우
한국, 일본, 인도, 중국, 중앙아시아, 중동, 남아프리카 공화국

오스트레일리아투구새우
호주, 갈라파고스

우리나라에서는 언제 처음 발견했나요?

1992년 10월, 『한국동물분류학회지』 특간 제3호에 「한국산 투구새우류 1종, *Triops longicaudatus* (LeConte,1846) (배갑목, 투구새우과)의 재기재」라는 긴꼬리투구새우 연구 논문이 처음 발표되었습니다. 1986년 경남 창녕에서 어린 19개체, 1991년 삼천포(지금 사천)에서 성체 1개체를 발견한 내용을 이 논문에 기록했습니다. 참고로 일본에서는 1916년 가가와 현에서 처음 발견했습니다.

투구새우 연구는 보통 3가지 분야로 나뉩니다. 분포와 생김새, 생식과 생존 전략, 유전자 분석입니다. 다음은 우리나라에서 긴꼬리투구새우를 연구한 내용입니다.

- 1992년: 처음으로 긴꼬리투구새우 기재
- 2001년: 환경부 멸종위기 야생동식물 II급 지정
- 2003년: 긴꼬리투구새우를 이용한 친환경 농법 연구
  (강진군 농업기술진흥원)
- 2005년: 거제도 긴꼬리투구새우 서식지 분포 지도 및
  생태연구 발표
- 2007년: 환경부 멸종위기 야생동식물 긴꼬리투구새우 복원 사업

- 2008년: 환경부 긴꼬리투구새우 전국 밀도 조사
- 2011년: 한국산 긴꼬리투구새우의 생태학적 연구. 박사학위 논문
- 2012년: 환경부 멸종위기 야생동식물 지정 해제
- 2015년: 알 구조와 초기 발생 연구
- 2016년: 국내산 투구새우 유전자 분석 연구

　참고로 아시아투구새우는 2016년, 김현태 선생님이 유전자 분석으로 우리나라에 산다는 사실을 밝혔습니다. 1992년 우리나라에 긴꼬리투구새우가 산다는 첫 기록이 나온 지 24년만이었습니다. 그렇다면 일본에서 발견되는 유럽투구새우는 어떨까요? 꾸준히 관심을 갖고 연구해 나갈 부분입니다.

아시아투구새우 암컷

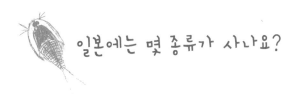

일본에는 몇 종류가 사나요?

일본에는 긴꼬리투구새우, 아시아투구새우, 유럽투구새우 3종이 살며 그중 긴꼬리투구새우가 가장 널리 분포합니다. 아시아투구새우는 긴 꼬리투구새우와 분포 지역이 겹치기도 하고 따로 분포하기도 합니다. 유럽투구새우 서식지는 앞선 2종과 전혀 다르며 서식 면적도 가장 좁 습니다.

● 한국과 일본 투구새우 분포도

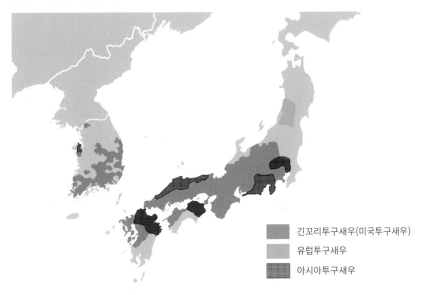

긴꼬리투구새우(미국투구새우)
유럽투구새우
아시아투구새우

1916년 일본 가가와 현에서 긴꼬리투구새우가 처음 발견되었습니다. 당시에는 학명을 *Apus aequalis*로 기록했습니다. 아시아투구새우에 대한 일본 첫 기록도 1916년에 있었습니다. 우에노가 베이징에 있는 천단공원 근처 웅덩이에서 발견하고 분류 작업을 거쳐 *Triops granarius*로 기록했습니다. 일본에서는 최근 유전자를 분석해 미국투구새우가 다른 나라에서 들어온 종이라는 사실을 밝혔습니다.

투구새우는 어떻게 구별하나요?

투구새우를 구별할 때는 전 세계 투구새우를 4종으로 나눈 롱허스트 (Longhurst, 1955)가 제시한 방법을 씁니다. 꼬리마디 가시와 제2작은 턱이 있는지 없는지 자세히 보아야 합니다. 긴꼬리투구새우는 제2작은턱이 없고 유럽투구새우와 아시아투구새우는 있습니다. 제2작은턱은 맨눈으로는 확인이 어려워 해부해서 보아야 합니다. 긴꼬리투구새우와 아시아투구새우는 배마디에 난 가시도 조금 다르지만, 변이가 심해서 종을 나누는 잣대로 삼기에는 부족합니다.

긴꼬리투구새우 배마디 가시 모양

아시아투구새우 배마디 가시 모양

아시아투구새우는 암컷과 수컷이 따로 있습니다. 암컷은 수컷에 비해서 배갑이 크고 길어서 구별할 수 있습니다. 수컷은 긴꼬리투구새우에 비해서 약간 원형입니다.

ⓒ 김현태

긴꼬리투구새우

아시아투구새우 암컷

종을 나누는 잣대로는 알맞지 않지만, 꼬리마디 가장자리와 가운데에 난 가시 배열 변이에 따라 긴꼬리투구새우와 아시아투구새우를 구별하기도 합니다. 긴꼬리투구새우는 가운데에 일직선으로 뚜렷한 가시가 있고 꼬리 끝에도 큰 가시가 있습니다. 아시아투구새우는 가시가 덜 발달했습니다.

긴꼬리투구새우 꼬리마디 가시

언제, 어디로 가면 볼 수 있나요?

긴꼬리투구새우는 논에 살지만 모든 논에서 볼 수 있는 건 아닙니다. 같은 논이더라도 위쪽에서는 보이지만 아래쪽에서는 보이지 않을 때가 많습니다.

긴꼬리투구새우를 채집하는 아이들

긴꼬리투구새우가 발생하는 시기는 모내기철입니다. 남부 지방에서는 5월 중순부터 7월 초까지 보이고, 이모작으로 모내기가 늦을 때는 7월 하순까지 보입니다. 모내기하려고 써레질을 끝낸 논에서 보이는 긴꼬리투구새우는 대개 발생한 지 1주일쯤 된 개체로, 길이는 0.5~1cm입니다. 모내기를 끝낸 지 얼마 안 된 논에서도 길이 1cm 안팎인 개체가 보이고, 모가 자란 논에서는 길이가 최소 1.5cm인 개체가 보입니다. 발생해서 40일 정도 삽니다.

긴꼬리투구새우 발생 개체수는 해마다 다릅니다. 같은 논이더라도 어떤 해에는 많이, 어떤 해에는 적게 나타납니다. 유기농법 논인지 아닌지 또는 농약을 뿌렸다면 언제 뿌렸는지 등에 영향을 받는 듯하지만 발생 개체수가 해마다 달라지는 까닭이 무엇인지는 아직 뚜렷하게 밝혀지지 않았습니다.

써레질을 마친 논에서는 발생 초기 개체가 보인다.

모내기를 막 끝낸 논에서는 길이 1cm 안팎인 개체가 보인다.

모가 뿌리 내린 논에서는 길이 2~3cm인 발생 중기와 말기 개체가 보인다.

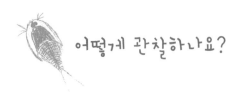

어떻게 관찰하나요?

긴꼬리투구새우는 재빠르게 움직이기 때문에 맨손으로 잡기는 어렵습니다. 그렇다고 특별한 도구가 필요하지는 않으며 잠자리채나 뜰채면 충분합니다. 다만 건져 올린 긴꼬리투구새우가 빠져나갈 수도 있으므로 그물에 뚫린 구멍이 너무 커서는 안 되겠지요. 보통은 논두렁을 따라가며 짧은 뜰채로 긴꼬리투구새우가 다치지 않도록 살며시 뜨면 되지만 논 안쪽에 있는 긴꼬리투구새우를 잡을 때는 긴 뜰채를 씁니다.

논에서 긴꼬리투구새우를 잡는 아이들

긴꼬리투구새우 성장 상태를 알아보려면 배갑 길이와 폭, 몸길이, 몸 전체 길이를 잽니다. 현장에서는 모눈종이에 올려놓고 재면 한결 쉽습니다.

◉ 긴꼬리투구새우 측정법

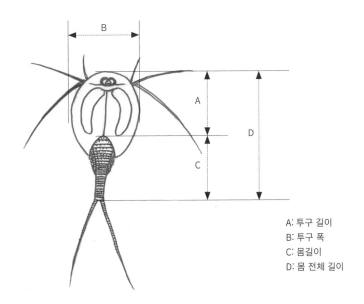

A: 투구 길이
B: 투구 폭
C: 몸길이
D: 몸 전체 길이

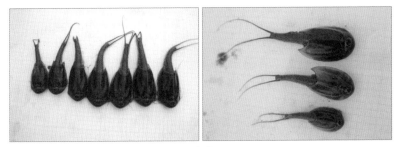

모눈종이를 이용한 긴꼬리투구새우 세부 길이 측정

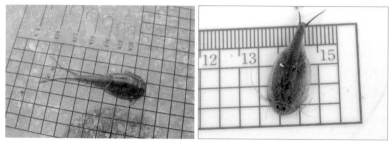

몸길이 측정

　같은 종이라도 살아가는 환경에 따라서 몸길이가 다릅니다. 우리나라에 사는 긴꼬리투구새우는 다 자라도 길이가 3cm 안팎이지만, 태국에 사는 긴꼬리투구새우는 약 6cm로 두 배 정도 깁니다.

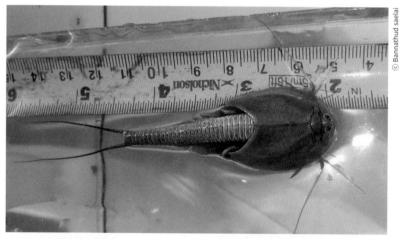

© Bannathud saelai

태국에 사는 긴꼬리투구새우

긴꼬리투구새우 변이를 파악하려면 반드시 배다리가 없는 부분 마디 수를 살펴야 합니다. 한 지역에서 채집한 개체라도 이 부분 변이가 심하기 때문에 현장에서 기록해 두면 긴꼬리투구새우 변이 폭을 파악하는 데 도움이 됩니다. 대개 우리나라에서 보이는 개체의 배다리가 없는 배 부분 마디 수는 6개입니다.

◉ 배다리가 없는 부분 마디 수 측정

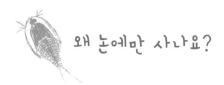

왜 논에만 사나요?

외국 자료를 보면 투구새우는 사막 같은 곳에 잠깐 생긴 웅덩이에서 발생합니다. 이런 곳은 물이 고였다 말랐다 하는 점에서 우리나라 논과 비슷합니다. 부화에 성공하려면 일정 기간 건조 과정을 거쳐야 합니다. 그래서 물이 마르지 않는 습지나 저수지에서는 자랄 수 없습니다. 같은 논이라도 겨울에 물을 대거나 바닥이 바싹 마르지 않으면 투구새우가 발생하지 않는 것도 같은 이유입니다.

겨울에 마른 논흙

그런데 우리나라에서도 논이 아닌 곳에서 긴꼬리투구새우가 발생한 사례가 있습니다. 경기 연천군 동막골 포 사격장입니다. 옛날에 논이었던 곳을 평평하게 다져서 만든 사격장으로, 날아드는 포탄으로 땅이 파여 비가 내리면 곧잘 웅덩이가 생깁니다. 또한 비가 온 뒤 농로나 공사장 주변에 생기는 웅덩이에서도 긴꼬리투구새우가 발생한 적이 있습니다. 농기계나 공사 차량 바퀴에 알이 붙어 주변 웅덩이로 옮겨져 발생한 것으로 보입니다. 모두 잠깐 긴꼬리투구새우가 발생하기 좋은 조건입니다.

아직 관찰된 적은 없지만 저수지나 습지에서 긴꼬리투구새우를 볼 수도 있습니다. 다만 이런 곳은 사계절 물이 마르지 않으니 물가에서 잠깐 발생했다 사라질 가능성이 큽니다.

길가 웅덩이

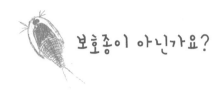

보호종이 아닌가요?

우리나라는 「야생생물 보호 및 관리에 관한 법률」에 따라 멸종위기 야생동식물을 지정해 환경부령으로 보호합니다. 멸종위기 야생동식물 Ⅰ급은 자연적 또는 인위적 위협 요인으로 개체수가 크게 줄어들어 멸종 위기에 처한 야생생물, Ⅱ급은 같은 이유로 지금 위협 요인이 제거되거나 완화되지 않는다면 가까운 시기에 멸종 위기에 처할 수 있는 야생생물을 가리킵니다.

긴꼬리투구새우는 2001년 멸종위기 야생동식물 Ⅱ급으로 지정되었다가 2012년 해제되었습니다. 2003년 이후 전국에서 긴꼬리투구새우 서식지가 추가로 발견되었고, 2009년 멸종위기 야생동식물 복원 사업으로 인공 증식에 성공하면서 개체수가 늘었기 때문입니다.

한편 한때 멸종 위기에 처했던 긴꼬리투구새우가 10여 년 사이에 많아진 까닭을 다음 두 가지에서 찾는 생각도 있습니다.

하나는 황사입니다. 2000년대 초반부터 강력한 황사가 우리나라로 밀려왔습니다. 이때 긴꼬리투구새우 알도 같이 날아오지 않았을까 싶지만, 황사가 일어나는 내몽골 사막은 긴꼬리투구새우가 많이 발생할 수 있는 환경이 아닙니다. 잠깐 저수지나 습지가 만들어지는 환경도 아닙니다. 그리고 황사가 거의 없는 일본에서도 긴꼬리투구새우는 널리 분포합니다. 물론 황사를 몰고 오는 강한 바람이나 태풍은 종 확산에 영향을 주기는 하지만, 긴꼬리투구새우가 퍼지는 까닭으로 내세우기에는 모자랍니다.

농약을 뿌리지 않고 유기질 비료를 쓰는 논이 늘어 생태계가 회복되면서 긴꼬리투구새우가 많아졌다는 생각도 있습니다. 농약을 뿌리지 않는 논이라면 먹이도 많고 걱정 없이 알을 낳을 수 있어 긴꼬리투구새우가 살기에 알맞습니다. 그러나 지금 긴꼬리투구새우가 발생하는 논은 대부분 농약을 쓰는 논입니다. 유기농법으로 긴꼬리투구새우가 살 수 있는 환경이 나아지는 건 맞지만 유기농법 때문에 긴꼬리투구새우가 늘었다고 보기는 어렵습니다.

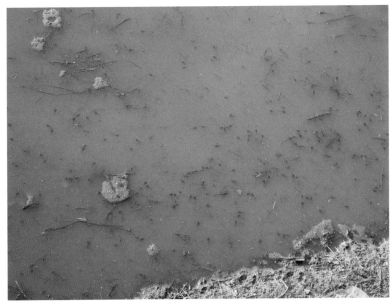

긴꼬리투구새우가 많이 발생한 논

그렇다면 전혀 다른 쪽에서 생각해 볼 수도 있습니다. 예컨대 긴꼬리투구새우가 갑자기 많아진 것이 아니라 우리가 눈여겨보니 눈에 많이 띄는 것이라고 말입니다. 2000년대는 생물 다양성이 눈길을 끌던 때입니다. 그래서 보호종 발견도 중요한 뉴스거리가 되었습니다. 이런 흐름 속에서 긴꼬리투구새우가 특히 눈길을 끈 것은 형태, 생태와 관련이 깊습니다. 일단 생김새가 독특해서 조금만 관심을 갖고 살피면 누구나 알아볼 수 있으며, 서식지가 논이고 모내기철에 많이 발생해서 보기가 쉽습니다.

사실 긴꼬리투구새우는 옛날부터 우리 논에서 살아온 생물입니다. 어쩌면 그간 우리가 관심 갖지 않았기에 보이지 않았는지도 모릅니다.

긴꼬리투구새우를 지키는 방법

긴꼬리투구새우가 보호종에서 해제된 지 6년이 지났습니다. 과연 요즘 상황은 어떨까요? 거제도 서식지를 살펴보았습니다. 긴꼬리투구새우가 사는 곳이 대개 마을과 가까운 논이어서 아파트 단지나 공장 지대로 바뀐 곳이 많습니다. 밭이나 과수원이 바뀐 곳도 있으나 이 역시 긴꼬리투구새우가 살기는 어려운 환경입니다. 그래서 이제 긴꼬리투구새우를 보려면 산청이나 고성으로 가야 합니다.

논(왼쪽)에서 밭(오른쪽)으로 바꾸면서
서식지가 파괴된 사례

무주 반딧불이 서식지는 천연기념물 제322호, 열목어 서식지인 봉화 대현리는 천연기념물 제74호로 지정, 관리합니다. 천연기념물 지정은 야생생물을 보호하려는 대표 정책입니다. 긴꼬리투구새우는 살아있는 화석 생물로 건강한 논 생태계와 종 다양성을 보여 주는 중요한 생물자원입니다. 비록 개체수가 늘어나 보호종에서는 풀렸지만 주요 서식지만큼은 보호 지역으로 지정, 관리하면 좋겠습니다.

공장 지대로 개발된 서식지. 거제시 연초면 한내리

아파트 단지로 개발된 서식지. 거제시 하청면 하청리

3억 5,000만 년
생존 비밀

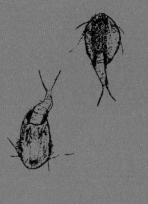

긴 세월을 어떻게 이겨 냈을까요?

모든 생물은 저마다 습성에 맞게 새끼(알)를 낳고 기릅니다. 고래와 사람은 새끼를 적게 낳아 잘 키우는 k-전략을 선택합니다. 조개나 물고기 그리고 긴꼬리투구새우는 알을 많이 나아 많이 살아남도록 하는 r-전략을 선택합니다.

긴꼬리투구새우 발생 조건은 3가지입니다. 물이 있어야 하고, 온도가 맞아야 하며, 건조 기간을 거쳐야 합니다. 물속 생물이니 물은 당연

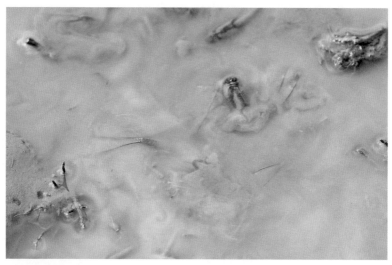

논에서 활동하는 모습

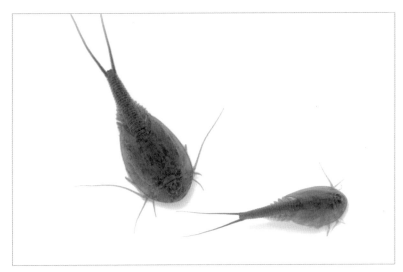

발생 초기(오른쪽)와 중기

알을 낳는 모습

한 조건입니다. 인공 증식 과정에서 밝혀진 부화 온도는 14~45 ℃입니다. 오랫동안 다양한 환경에 적응해야 했기에 부화 가능한 온도가 폭넓습니다. 신기한 것은 건조 기간입니다. 대개 생물에게 건조한 상태는 위험하며, 특히 물속 생물에게는 죽음이나 다름없습니다. 그런데도 긴꼬리투구새우는 반드시 건조 기간을 거쳐야 부화할 수 있습니다. 생존 위협 조건을 필수 조건으로 바꾼 셈입니다.

발생 조건이 맞더라도 일부(20~30%)만 먼저 부화합니다. 한꺼번에 발생하면 한꺼번에 죽을 수도 있으니까요. 그리고서 발생 조건이 맞을 때 또 부화하고, 이 과정을 2~3번 반복하며 모두가 부화합니다. 물속은 환경 변화가 심합니다. 그래서 부화하고 나면 빠르게 성장하고, 부화한 지 10일째부터 죽을 때(약 40일째)까지 알을 낳습니다.

건조한 때와 물이 고이는 때가 반복되는 논

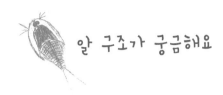

알 구조가 궁금해요

알의 가장 바깥층인 난각은 알의 약 46%를 차지하며, 겉에서부터 외막, 폐포층, 배막 3층 구조로 이루어집니다. 이 난각 덕분에 알은 긴 휴면 상태와 환경 변화, 특히 건조한 환경을 견딜 수 있습니다. 이러한 알을 내구란(耐久卵, resisting egg)이라고 하며, 갑각류인 물벼룩과 편형동물인 납작벌레류 알 구조도 비슷합니다.

바깥 환경과 바로 닿는 외막은 단단한 키틴질로 덮여 있습니다. 전자 현미경으로 살펴보면 모양이 완전히 동그랗지도, 표면이 매끄럽지

● **3층 구조**

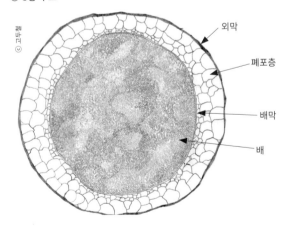

외막

폐포층

배막

배

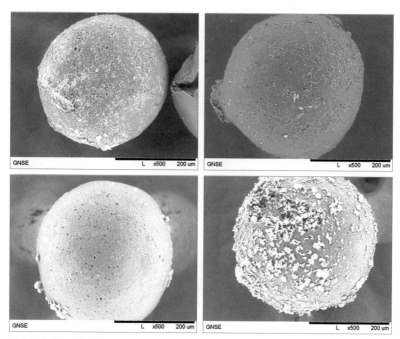

전자 현미경으로 촬영한 마른 알. 표면이 거칠고 다양한 물질이 붙어 있다.

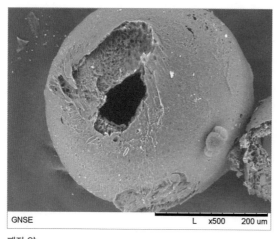

깨진 알

도 않습니다. 외막이 일부 깨지더라도 안쪽과 쉽게 분리되어 알 내부에 미치는 영향은 적습니다.

폐포층은 외막 바로 안쪽에 있습니다. 물속에 낳은 알은 폐포층이 스펀지처럼 물을 가득 머금어 바닥으로 가라앉습니다. 건조한 시기에는 폐포층이 물 대신 공기로 채워집니다. 모내기철이 되어 논에 물이 들어오면 알이 수면으로 떠 오르는 이유입니다. 떠 오른 알은 햇볕을

폐포층

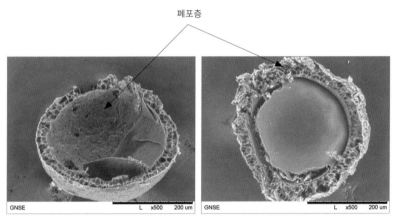

폐포층은 배막을 감싸며 스펀지 구조다.

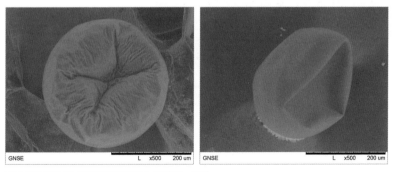

외부 충격에도 찢어지지 않고 탄력을 유지하는 배막

받아 물이 따뜻해지면 곧 부화합니다. 또한 벌집 구조인 폐포층은 알이 마르지 않게 하며 외부 충격에서 알을 보호합니다. 참고로 외막과 폐포층이 물에 닿으면 알이 팽창하고 이 과정에서 점액질이 나옵니다. 점액질은 알이 주변 물체에 안전하게 붙게 합니다.

배막은 폐포층 바로 안쪽에 있습니다. 배아를 품은 자궁과 같아 알 구조에서 가장 중요한 부분입니다. 폐포층과 분리되며 배를 보호하기 때문에 무척 유연하고 탄력이 좋습니다. 온도나 습도가 변하거나 충격을 받아도 마르거나 찢어지지 않습니다.

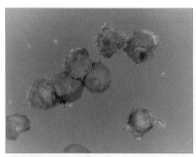
물을 머금기 시작한 알

물을 머금고 팽창한 알

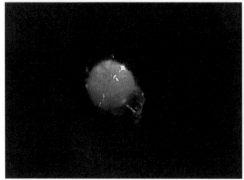
알에서 나오는 점액질

국내에서 판매되는 트리옵스 알

알은 어떤 성분으로 구성되어 있을까요? 무작위로 채집한 긴꼬리투구새우 알 10개의 성분 분석을 한국품질시험원에 부탁했습니다. 분석 결과, 알에서 가장 많은 양을 차지하는 성분은 산소(O), 탄소(C), 질소(N)였습니다. 다만 알의 성분이 알 보호에 어떤 역할을 하는지는 아직 뚜렷이 밝혀지지 않았습니다.

구성 성분명	C	N	O	F	Na	Mg	Al	Si	K	Ca	Tl	Fe
1 Wt(%)	26.6	9.6	46.7	0.4	0.8	0.6	3.9	8.7	0.3	0.6	0.2	1.7
구성 성분명	C	N	O	F	Na	Mg	Al	Si	K	Ca	Tl	Fe
1 Wt(%)	42.8	7.2	38.7	0.8	0.6	0.3	1.8	4.0	0.5	0.8	0.8	1.8

* 알 2개의 성분 분석 내용입니다.

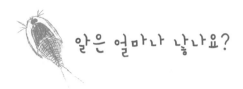

알은 얼마나 낳나요?

한 개체가 발생 10일부터 죽을 때까지 낳는 알 개수는 탈피 횟수 (10~15회)에 따라 다르지만 적어도 300개 이상입니다. 알은 알집 속에 꽉 찹니다. 발생 10일 무렵에는 몸길이가 1cm 정도이고 알집 크기는 지름 2mm, 다 자라면 몸길이가 3cm 정도에 알집 크기가 지름 5mm 안팎입니다. 알집은 제11가슴다리 바깥쪽 기관(protopodite)과 안쪽 기관(endopodite)이 변형되어 생겼으며, 배갑을 뒤집으면 보입니다. 제11 가슴다리 마디에 있는 생식공과 이어집니다.

몸길이	1cm	1.5cm	2cm	2.5cm	3cm
알 개수	8~11개	20~24개	34~35개	54개	70개

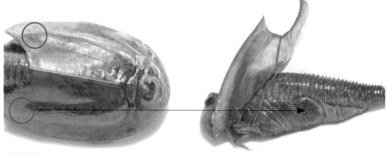

알집 위치

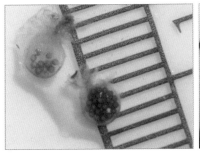

몸길이 1㎝ 안팎일 때 알집 크기　　　　몸길이 2㎝ 안팎일 때 알집에 꽉 찬 알

다 자란 3㎝ 안팎일 때 5㎜에 이르는 알집

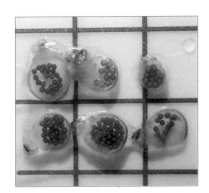

몸길이에 따른 알 개수

자연상태에서 알을 관찰하거나 받아 거두는 방법은 간단합니다. 몸 길이 2~3cm인 긴꼬리투구새우를 잡아서 물을 조금 부은 흰 접시 위에 놓습니다. 접시에서 4~5분 동안 활발하게 움직이게 두면 주황색 알이 흘러나옵니다.

알집에서 흘러나오는 알

접시 바닥에 가라앉은 주황색 알

참고로 오랫동안 내버려 둔 긴꼬리투구새우 알이 부화하는지 알아보고자 2009년에 받아 두었던 알로 2015년에 실험을 했습니다. 그런데 부화에 실패했습니다. 알이 완전 진공 상태로 흙과 분리되어 있었고, 온도 변화가 심한 방에서 보관했기 때문이리라 생각합니다. 제대로 실험하려면 알을 흙과 함께 보관하고 공기와 접촉하도록 해야 합니다. 어떤 연구자에 따르면 15년 동안 책상 서랍에 보관하던 알을 물에 넣었더니 부화에 성공했다고 합니다.

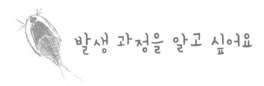

발생 과정을 알고 싶어요

긴꼬리투구새우는 물이 차면 2~3일 뒤 부화합니다. 그러나 논물이 흐리기 때문에 자연 상태에서 관찰하기는 어렵습니다. 발생 과정을 보려면 USB 현미경이 필요합니다.

USB 현미경 관찰(DP-M01, 2.0M Pixels, 500X)

난각을 깨고 나오는 배아

난각이 벌어지고 부화막에 싸인 배아가 탈출하는 과정으로 15시 58분 6초부터 9초까지 3초 동안 일어난 변화입니다.

15시 58분 6초.
난각이 깨지고 배아가 나온다.

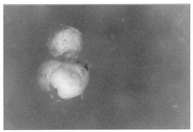

15시 58분 7초.
난각이 점점 벌어진다.

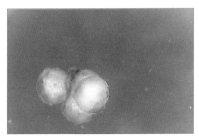

15시 58분 8초.
배아가 발달하면서 부화막이 부풀어 오른다.

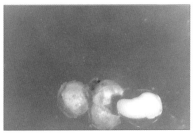

15시 58분 9초.
부화막에 싸인 배아가 부속지를 이용해
난각을 탈출한다.

15시 58분 9초.
탈출한 배아가 부화막에 싸인 채 발생한다.

부화막에 싸인 배아는 바깥 환경으로 바로 드러나지 않습니다. 막 속에 머무르며 운동성을 갖춘 뒤에 막을 찢고 나옵니다. 이런 과정이 있기에 초기 발생률이 높으며 대규모로 발생할 수 있습니다.

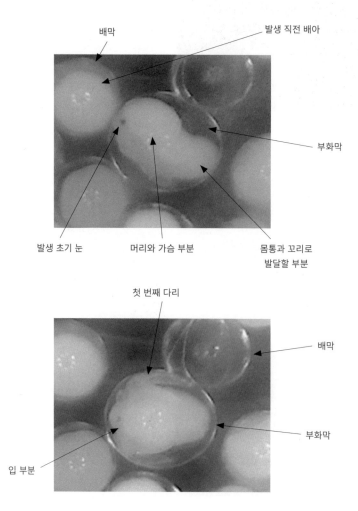

배막

발생 직전 배아

부화막

발생 초기 눈

머리와 가슴 부분

몸통과 꼬리로
발달할 부분

첫 번째 다리

배막

부화막

입 부분

부화막 속 배아 성장 과정

　부화막 속 배아는 원형에서 타원형으로, 옅은 갈색에서 흰색으로 변합니다. 시간이 지날수록 길어지며 배막과 배 사이에 빈 공간이 생깁니다. 배아가 분화하는 도중에 압력을 이기지 못하고 배막이 터지기도 합니다. 이때 배막을 뚫고 나오며 부화막 속 배아는 부속지와 제1가슴다리가 발달합니다. 부화막은 마지막 분화까지 배아를 보호하며 이때 부화막이 찢어지면 배아는 죽습니다.

　부화막 속 배아를 잘 볼 수 있도록 차아염소산나트륨을 18시간 처리해 외막과 폐포층을 제거했습니다.

발달 1.

20분간 관찰 기록(9시 31~51분)
부화막 속 배아의 제1가슴다리가 점점 선명해집니다.

9시 31분　　　　　　　　　9시 51분

발달 2.

44분간 관찰 기록(10시 21분~11시 5분)

배아 형태가 점점 타원형으로 길어집니다.

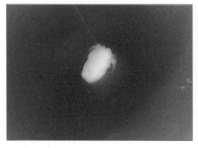

10시 21분

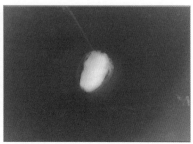

10시 44분

발달 3.

156분간 관찰 기록(11시 1분~13시 37분)

부속지 형태가 보이기 시작하며 제1가슴다리로 부화막을 찢고 나옵니다.

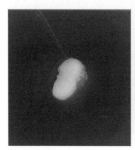

11시 1분

12시 37분

13시 37분

　부화막 속에서 물속 환경에 적응할 준비를 마친 배아는 제1가슴다리로 부화막을 찢고 나옵니다. 그런 뒤 배를 중심으로 유생이 발달합니다. 유생은 부속지에 이어 꼬리가 발달하면서 완벽한 성체 모습을 갖춥니다.

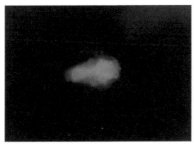
부화막을 찢고 나온 유생

부속지와 꼬리 발달

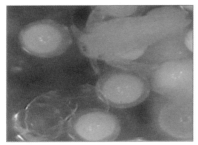
가슴다리가 뚜렷하게 보임

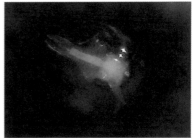
완벽한 모습을 갖춘 유생

* 고두철, 이창훈, 조상흠 선생님이 USB 현미경으로 찍은 사진입니다.

탈각이 뭔가요?

난각은 알 전체의 약 46%를 차지합니다. 단단한 껍데기로 싸여 있기 때문에 배아를 안전하게 보호합니다. 그러나 단단할수록 껍데기를 깨고 나올 때 힘을 많이 쓰기 때문에 발생률이 떨어집니다. 발생률이 높아야 많은 개체의 초기 발생 과정을 관찰할 수 있습니다. 그러려면 딱딱한 알껍데기를 미리 제거해야 하며, 이 과정을 탈각이라고 합니다. 이때 쓰는 용액이 차아염소산나트륨(NaClO), 즉 소독·살균제로 흔히 쓰는 락스입니다. 차아염소산나트륨 용액을 이용한 탈각은 물고기 먹이인 브라인 쉬림프 알의 발생률을 높이는 데 주로 쓰입니다.

차아염소산나트륨(농도 1,000ppm) 용액으로 긴꼬리투구새우 알을 탈각시키면 깨끗하게 난각(외막과 폐포층)이 녹아내립니다. 이어 난각이 제거된 배막을 뚫고 유생이 발생합니다.

탈각 실험으로는 배아 초기 발생 과정뿐만 아니라 배막이 하는 일도 알 수 있습니다. 배막은 용액 침투를 막고 공기와 습도를 조절합니다. 만일 이런 능력이 없다면 차아염소산나트륨 용액에 배막 속 배아도 녹을 것입니다.

◉ 차아염소산나트륨 용액을 이용한 탈각 과정

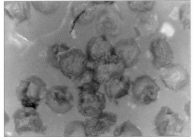

물에 넣은 알

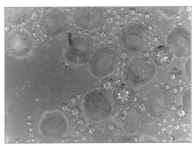

차아염소산나트륨에 녹는 난각

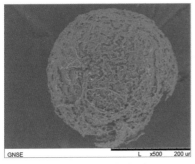

탈각으로 외막이 녹고 드러난 폐포층

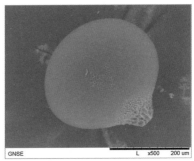

외막과 폐포층이 녹으면서 드러난 배막

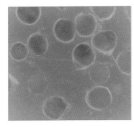

탈각된 알

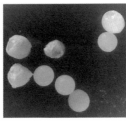

탈각 뒤 씻은 알

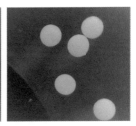

증류수에 150분 증제한 알

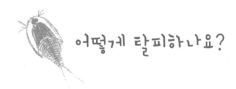

어떻게 탈피하나요?

사람은 성장하면서 작아진 옷이나 신발을 새로 바꿔 가며 연약한 피부를 보호합니다. 절지동물은 외부가 딱딱한 껍데기나 키틴질로 되어 있어 따로 겉옷이 필요 없지만 성장 단계에 따라 껍데기를 통째로 갈아입어야 합니다. 이 과정을 탈피라고 합니다.

긴꼬리투구새우 몸은 매우 복잡한 구조여서 목숨을 걸고 탈피합니다. 탈피는 물 흐름이 없고 오염되지 않은 논에서 이루어집니다. 부화한 유생은 1일 간격으로 탈피하고 자랄수록 탈피하는 간격이 뜸해집니다. 한 달 사이에 15번 이상 새 옷으로 갈아입습니다. 탈피 전 작은 껍데기 속에 큰 몸이 들어가 있을 수 있는 것은 몸이 접혀 있기 때문입니다. 탈피한 뒤 혈액이 온몸으로 퍼지고 서서히 주름이 펴지며 몸집이 커집니다.

탈피할 무렵이면 긴꼬리투구새우는 몸에 흙덩어리를 묻히고 움찔움찔합니다. 탈피하는 동안에도 계속 헤엄치면서 열린 껍데기 틈으로 들어오는 물을 이용해 껍데기를 밀어냅니다. 탈피는 2~3분 안에 끝나며, 그 뒤에도 지친 몸을 안정시키려고 계속 움직입니다. 탈피하고 나면 턱이 하얘지고 몸집이 더 커집니다. 다만 모든 긴꼬리투구새우가 100% 탈피에 성공하는 것은 아닙니다.

발생 초기 탈피각

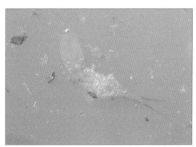

발생 중기 탈피각

발생 말기 탈피각

발생 말기 완벽한 탈피각

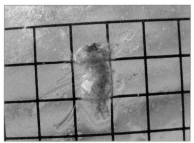

가슴다리와 앞쪽 탈피각

배다리와 꼬리 부분 탈피각

탈피 단계

① **몸에서 탈피각 떼려는 몸 비틀기**

물이 고인 곳에서 몸과 꼬리를 움찔움찔합니다. 몸에서 탈피각을 미리 분리하는 과정입니다.

② **머리와 배를 분리하려는 허리 꺾기**

논바닥에 몸을 옆으로 붙이고 꼬리를 앞뒤로 세게 접었다 폈다 합니다. 배갑 아래 탈피각을 끊으려는 행동입니다. 이때 다리도 빠르고 세게 움직여 다리 부분을 탈피합니다.

③ **빠르게 360도 회전하면서 배갑 탈피하기**

머리와 배 부분이 끊어지고 몸에서 탈피각이 떨어지면 빠르게 360도 움직여서 머리 부분부터 탈피합니다. 빠르게 움직이는 이유는 배갑 아래로 물을 넣어서 한 번에 배갑을 벗으려는 것입니다. 배갑이 떨어지면서 앞다리도 함께 탈피합니다.

④ **꼬리 빼기**

배갑이 빠지고 나면 헤엄치면서 꼬리 부분을 뺍니다.

⑤ **탈피각 떼어 내려는 비틀기**

머리와 꼬리 부분 탈피가 끝난 뒤에도 계속 몸을 좌우로 움찔움찔합니다. 몸에 붙은 탈피각을 떼는 과정입니다.

⑥ **휴식 및 안정**

논바닥에서 가만히 쉬거나 배영하면서 배갑이 잘 맞도록 편안하게 몸을 가눕니다. 이때는 몸 색깔이 밝고 배갑이 깨끗합니다.

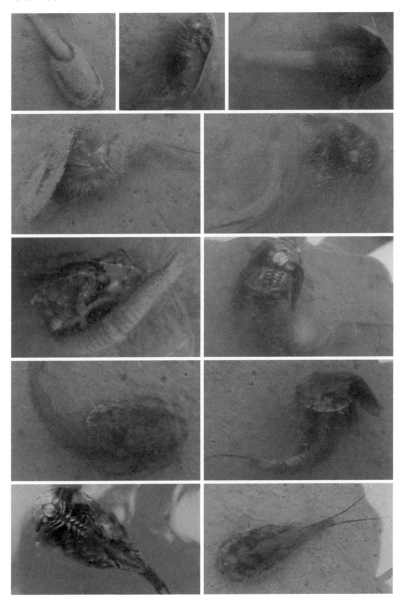

꼬리가 잘리면 어떻게 되나요?

긴꼬리투구새우도 도마뱀처럼 꼬리가 잘리면 다시 자랍니다. 종종 한쪽 꼬리가 잘려 양쪽 길이가 다른 개체를 봅니다. 꼬리는 채찍 모양으로 물속에서 균형을 잡고 빠르게 움직이거나 방향을 바꿀 때 키 역할을 합니다.

긴꼬리투구새우는 꼬리가 잘리거나 다치면 사람처럼 붉은색 피를 흘립니다. 사람 피가 붉은색으로 보이는 이유는 헤모글로빈이라는 화합물 때문입니다. 헤모글로빈은 철을 함유하는 빨간 색소인 헴과 단백질인 글로빈 화합물입니다. 적혈구 속에 있으며 산소와 쉽게 결합합니다.

한편 피가 붉은색이 아닌 동물도 있습니다. 문어 피는 푸른색으로 피 속에 구리 성분이 포함된 헤모시아닌이 있기 때문입니다. 헤모시아닌은 연체동물이나 절지동물 혈장 속에 있는 색소 단백질로 이것도 산소와 잘 결합합니다.

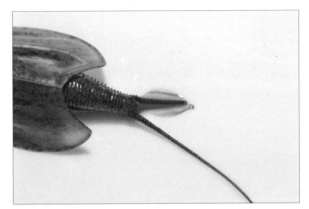

잘린 꼬리에서 나는 붉은 피

다시 자라는 꼬리

논과
천생연분이야

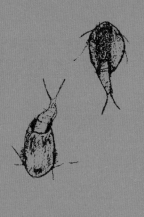
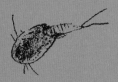

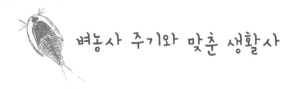

벼농사 주기와 맞춘 생활사

긴꼬리투구새우는 논 생태계에 적응한 생물입니다. 논 흙 속에서 알로 겨울을 나고 5월 모내기 전 논갈이 때 물이 차오르면 수면에 떠 올라 발생합니다. 발생 뒤 7일 정도면 몸길이 0.5~1cm로 자랍니다. 그 뒤 적어도 15번 이상 탈피하고 3cm 안팎까지 자랍니다. 대개 35일 살다가 죽지만, 농약을 뿌리지 않으면 45일쯤 살기도 합니다. 가을걷이를 마치고 논에 물이 마르면 알은 흙 속에서 휴면에 들어가고 다음 해 모내기철에 맞춰 다시 발생합니다.

이처럼 긴꼬리투구새우 생활사는 벼농사 주기와 함께 맞물려 돌아가기에 논 생태계 기본 구조가 허물어진다면 긴꼬리투구새우도 사라집니다.

겨울에는 알이 마른 상태로 흙 속에 있다.

논에 물을 대고 논갈이를 하면 알이 수면에 떠 오르면서 발생한다.

논 색깔이 파릇파릇해지는 7월 초면 대개 죽는다.

가을걷이를 끝낸 마른 논에서
알은 겨울을 난다.

넓은 논에서 어떻게 찾나요?

긴꼬리투구새우는 긴 꼬리로 헤엄치며 동심원을 만듭니다. 논을 멀리서 훑어볼 때 수면에 작은 동심원이 보이는 곳에서 찾을 가능성이 큽니다. 풍년새우는 긴꼬리투구새우가 즐겨 먹는 먹이이며, 서식 환경이나 발생 조건이 비슷합니다. 그래서 풍년새우가 보이는 논이라면 긴꼬리투구새우가 있을 가능성이 매우 큽니다. 마른 짚이나 논풀이 많은 논에도 많이 삽니다. 이런 논은 바닥이 말랑말랑하고, 물벼룩이나 거머리 같은 생물이 많습니다.

모내기 전 써레질한 논과 모내기를 마친 논

반면 화학 비료를 써서 바닥이 딱딱하거나 부영양화가 나타나는 논이나 이른 봄 제초제를 뿌려 논두렁에 누렇게 풀이 말라 있는 논에서는 긴꼬리투구새우를 찾기 어렵습니다.

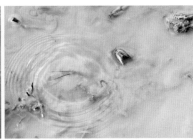

긴꼬리투구새우가 만든 동심원

유기질이 많은 논

풍년새우

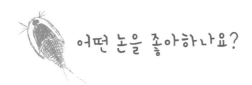

어떤 논을 좋아하나요?

긴꼬리투구새우가 사는 논은 대부분 큰길가에 있습니다. 이런 논은 관리하기 쉬워서 농약을 뿌리는 양이 적고 시기도 다소 늦습니다. 그리고 논흙은 겨울에 바짝 마르는 진흙입니다. 긴꼬리투구새우가 살려면 물 깊이가 5~20cm여야 합니다. 그중 8~12cm 깊이에서 가장 많이 발생하고, 활동도 왕성합니다. 참고로 물이 너무 많으면 온도가 낮아서 움직임이 둔해지고, 너무 적으면 활동 공간이 좁아져 말라 죽기도 합니다.

반면 계곡 옆에 있는 논이나 계단식 논에는 긴꼬리투구새우가 살지 않습니다. 이런 곳 논흙은 물이 잘 빠지는 모래질입니다. 그리고 계단식 논 가운데는 한 귀퉁이에서 물이 스며 겨울철에도 마르지 않는 곳이 많습니다. 긴꼬리투구새우 부화 조건인 풍부한 물과 건조 기간을 맞출 수 없는 환경입니다.

또한 이런 논은 계곡물이나 지하수가 바로 흘러들어 물 온도가 낮습니다. 긴꼬리투구새우가 부화하기에 알맞은 온도는 25~35℃도입니다. 물 온도가 20℃ 안팎이 되는 모내기철에 긴꼬리투구새우가 많이 발생하는 이유이지요.

참고로 긴꼬리투구새우와 유기농을 엮어서 이야기하는 사람이 많

● 긴꼬리투구새우가 사는 논 풍경

거제시 연초면 한내 마을 입구

의령군 의령읍 정암리

거제시 하청면 칠천도 곡촌 마을회관 앞

거제시 하청면 하청리

습니다. "화학 비료를 써서 메마르고 거칠어진 논이 유기농으로 되살아나 투구새우가 발생했다"고 합니다. 그런데 실제로 긴꼬리투구새우가 발생한 논은 대부분 일반 농법으로 농사짓습니다. 그러면 긴꼬리투구새우 발생과 유기농은 아무 관련이 없을까요? 긴꼬리투구새우는 농약만 아니면 죽을 때까지 알을 낳습니다. 다음 해에도 농약을 뿌리지 않으면 더 많이 발생합니다. 그러니 유기농 논에서 긴꼬리투구새우가 발생한다기보다는 개체수가 더 늘었다고 하는 것이 맞는 말입니다.

유기질이 많고 땅 힘이 좋은 논에 산다.

논에서 어떻게 사는지 궁금해요

긴꼬리투구새우는 논에서 다양한 자세로 헤엄을 치며 특히 배영을 자주 합니다. 써레질한 논에서는 1.5cm 안팎인 개체들이 집단으로 발생한 뒤 배영하는 것을 볼 수 있습니다. 수온이 높으면 배영을 더 많이 하는 듯도 하지만 온도와 상관없이 배영하는 개체가 많습니다.

물속에서 다양한 모습으로 헤엄친다.

배영은 먹이 활동과 관련이 있습니다. 써레질과 모내기를 끝낸 논에는 긴꼬리투구새우 먹이인 유기물, 수초 등이 많이 떠 있습니다. 그래서 먹이를 더욱 먹기 쉽도록 몸을 뒤집어서 헤엄칩니다. 또한 막 탈피를 끝내고서 쉴 때도 누워서 헤엄칩니다.

먹이 활동

탈피를 끝낸 뒤에는
배영하면서 얌전하게 쉰다.

배영하면서 이동한다.

또한 알을 낳거나 먹이를 찾으려고 땅을 파기도 합니다. 그래서 가슴다리는 땅 파기에 좋은 주걱 모양이며, 긴꼬리투구새우가 많이 사는 논바닥에는 구멍이 많습니다.

보통 땅을 깊게 파면 알을 낳는 행동, 얕게 파면 먹이를 찾는 행동으로 구분하지만 확실치는 않습니다. 굳이 땅을 깊게 파지 않더라도 논바닥을 파려고 가슴다리를 활발하게 움직이면 자연스럽게 알집에서 알이 흘러나오기 때문입니다.

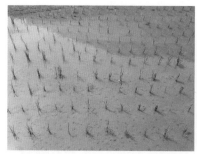
논바닥에 생긴 자국

가슴다리로 구멍 파기

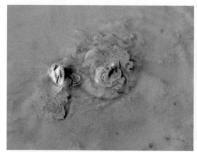
몸을 비틀어 구멍 파기

논바닥에 구멍 파기

긴꼬리투구새우 농법이 가능할까요?

긴꼬리투구새우가 많이 사는 곳을 살피면 군데군데 논물이 흐린 것을 볼 수 있습니다. 논바닥 여기저기에 반복해서 구멍을 파서 흙탕물을 일으키기 때문입니다. 논물이 흐리면 햇빛이 바닥까지 이르지 못해 물속에서 자라는 잡초가 광합성을 제대로 하지 못합니다. 이로써 잡초가 잘 자라지 못하는 것을 탁수 효과라고 합니다.

이 효과에서 착안한 연구도 진행되었습니다. 일본에서는 일찍부터 여기에 관심을 가져 1927년 정부에서 연구 보조금을 받아 잡초 방제 수단으로서 투구새우를 연구했습니다. 우리나라에서도 2003년 강진군 농업기술진흥원에서 긴꼬리투구새우 농법을 연구했습니다.

논바닥을 파면 물이 흐려진다.

넓은 논에서는 일부만 물이 흐려진다.

그러나 탁수 효과로 잡초가 자라지 않게 하려면 제곱미터당 긴꼬리 투구새우가 30마리쯤 있어야 합니다. 즉 많은 개체가 살고 있어야 효과를 거둘 수 있습니다. 설령 그렇다 하더라도 긴꼬리투구새우가 발생하는 시기가 이르고, 논에서 생활하는 기간이 최대 40일을 넘지 못하기 때문에 한계가 있습니다. 잡초는 모가 자리를 잡고 난 뒤부터 자라는데 정작 이 무렵에 긴꼬리투구새우는 죽습니다. 한편, 외국에서는 긴꼬리투구새우가 잡초뿐만 아니라 볏모도 갉아 먹기에 해충으로 여기기도 합니다.

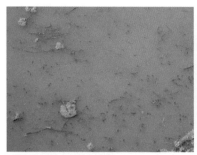
물을 흐리는 발생 초기 개체

물을 흐리는 발생 중기 개체

긴꼬리투구새우를 이용한 유기농을 알리는 그림(창녕군)

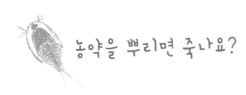
농약을 뿌리면 죽나요?

농약을 뿌린 논에서도 긴꼬리투구새우는 발생합니다. 다만 그런 논에는 공통점이 있습니다. 모내기를 끝낸 뒤인 6월 중하순, 그러니까 긴꼬리투구새우가 이미 발생한 뒤에 농약을 뿌린다는 점입니다.

긴꼬리투구새우 알은 논갈이를 하고 난 뒤 땅 위로 드러나고, 5월 중순경 논에 물을 대고 써레질을 하면 수면으로 떠 올라 발생을 시작합니다. 그러므로 5월 중순부터 6월 중순까지만 농약을 뿌리지 않으면 긴꼬리투구새우는 안전하게 자라고, 알을 낳을 수 있습니다.

농약이라는 위험 요인이 있더라도 긴꼬리투구새우 생태를 잘 살핀다면 우리는 긴꼬리투구새우와 함께 살아갈 수 있습니다. 긴꼬리투

농약 때문에 죽은 참개구리

농약 때문에 죽은 긴꼬리투구새우

구새우뿐만 아니라 논에 사는 다른 생물도 마찬가지겠지요.

농약 뿌리는 때와 긴꼬리투구새우 생태를 함께 놓고 따져 보면 농약을 치는 논이더라도 긴꼬리투구새우가 발생하는 이유를 알 수 있습니다.

논물 환경	논물 가두기	물 깊이 대기	물 걸러 대기					완전 물 떼기	
벼농사	물 대기	써레질	모내기	유효 분얼기	무효 분얼기	유수 형성기	출수기	성숙기	수확기
				벼 성장					
긴꼬리 투구새우 성장 단계	발생	산란			죽음	잠복기			
시간 변화	5월	6월 초순 / 중순 / 하순			7월				
농약 살포	A B C	D E	F G H I		J K L	M			

* A~C: 이 시기에 농약을 뿌리면 긴꼬리투구새우가 발생하지 않습니다. 이때 쓰는 농약은 대부분 제초제입니다.
* H~I: 긴꼬리투구새우가 발생한 논의 농약 살포 시기입니다. 모내기 약 2주 뒤로, 모가 논에 완전히 뿌리 내리고 벼가 유효분얼기에 접어드는 6월 하순입니다. 긴꼬리투구새우가 이미 발생을 마친 시점입니다.
* J~L: 7월 이후로 긴꼬리투구새우가 알을 낳은 뒤 모두 죽은 시기입니다. 이때는 알이 논흙에 덮여 있거나 바닥에 있기 때문에 농약을 뿌려도 긴꼬리투구새우 발생에 심각한 영향을 주지 않습니다.

어떻게 다른 논으로 옮겨 가나요?

긴꼬리투구새우는 먼저 살던 논에서 다른 논으로 옮겨 가기도 합니다. 논은 서로 붙어 있고, 물이 찼다 빠지기를 반복하며, 사람들이 오가는 곳이기도 합니다. 이런 특성을 바탕으로 어떻게 긴꼬리투구새우가 다른 논으로 이동하는지 생각해 볼 수 있습니다.

첫째, 물길을 이용합니다. 논과 논은 물길로 거미줄처럼 연결됩니다. 논갈이를 하고 논물이 고이면 땅속에 있던 긴꼬리투구새우 알이

아래 논으로 물을 대려고 튼 물길

물을 대는 농수로

수면으로 떠 오릅니다. 이때 떠 오른 알과 일부 부화한 유생이 모내기철에 농수로가 트이면 물길을 따라 아래 논으로 이동합니다. 또는 비가 많이 올 때도 물길을 따라서 주변 논으로 이동할 수 있습니다.

둘째, 주변 사물을 이용합니다. 논은 논갈이를 시작으로 여러 작업이 그때그때 이루어지는 공간입니다. 이때 긴꼬리투구새우는 사람 장화나 농기구 등에 묻어 이동합니다. 최근에는 큰 농기구 하나로 여러 논 농사를 지을 때가 많아 긴꼬리투구새우 알이 다른 논으로 더욱 잘 퍼집니다.

셋째, 바람을 이용합니다. 위 두 가지보다 가능성은 작지만, 겨울철 논바닥에 드러난 알이 세찬 바람에 실려 주변 논으로 옮겨질 수 있습니다.

범위를 넓혀 보면 이와 같은 이유로 다른 나라로도 퍼질 수 있습니다. 일본에서는 긴꼬리투구새우와 아시아투구새우를 외국에서 들어온 종으로 판단합니다. 2016년 우리나라에서 투구새우 유전자를 분석한 결과, 긴꼬리투구새우는 미국에 사는 투구새우와 같은 종이었습니다. 따라서 긴꼬리투구새우는 미국에서 들어온 종으로 판단하며, 원래 우리나라 논에 살던 종은 아시아에 널리 퍼져 사는 아시아투구새우라고 예상합니다.

흙속 알이 여러 농기계에 묻어서 퍼지기도 한다.

천적이 있나요?

긴꼬리투구새우는 잡식성으로 헤엄치거나 기어 다니면서 조류나 균류 같은 원생생물을 물과 함께 입으로 넣은 다음 걸러서 먹습니다. 또한 모기 애벌레, 물벼룩, 풍년새우, 개구리밥, 실지렁이를 먹으며, 긴꼬리투구새우끼리 잡아먹기도 합니다.

뱀잠자리 애벌레

물땡땡이 애벌레

물방개 애벌레

잠자리 애벌레

반대로 긴꼬리투구새우 천적은 뱀잠자리, 물방개, 잠자리 같은 육식성 수서 곤충 애벌레와 백로 같은 새입니다. 일본에서는 갈매기가 긴꼬리투구새우를 즐겨 먹는다는 기록도 있습니다. 논 생태계에서는 '투구새우 〈 곤충 애벌레, 개구리(올챙이) 〈 새'라는 먹이 사슬이 형성됩니다.

이 가운데서도 긴꼬리투구새우에게는 생김새가 비슷한 올챙이가 특히 위험합니다. 논은 개구리에게도 중요한 산란장입니다. 봄비가 오면 개구리는 논에 알을 낳습니다. 제일 먼저 눈에 띄는 것은 북방산개구리와 한국산개구리 올챙이로 3~5월에 보입니다. 산개구리 올챙이도 긴꼬리투구새우가 발생하기 전에 논에서 탈바꿈을 끝냅니다. 이 3

참개구리 올챙이

무당개구리 올챙이

한국산개구리 올챙이

참개구리 올챙이와 긴꼬리투구새우

논에 대규모로 서식하는 올챙이 무리

종은 탈바꿈하고 나면 긴꼬리투구새우와 마주칠 일이 거의 없습니다. 그러나 무당개구리와 참개구리 올챙이는 긴꼬리투구새우 발생 시기와 같은 5~6월에 논에서 지냅니다. 이 2종은 4월에 논을 갈아엎으면서 만들어진 고랑에 알을 낳으며 5월에는 대부분 올챙이가 나옵니다.

올챙이는 잡식성으로 먹이 활동이 활발합니다. 긴꼬리투구새우는 발생한 뒤 빠르게 성장하기 때문에 올챙이가 몸집이 큰 긴꼬리투구새우 성체를 잡아먹기는 어렵습니다. 문제는 긴꼬리투구새우가 발생 10일부터 낳는 알입니다. 긴꼬리투구새우는 논바닥에 1~2cm 깊이로 구멍을 파고 알을 낳습니다. 일부는 흙에 덮이고 일부는 논바닥에 드러나기에 논바닥 유기물을 닥치는 대로 먹는 올챙이의 먹이가 되기 쉽습니다.

벼농사	물 대기	논갈이/모내기		유효 분얼기	무효 분얼기	유수 형성기
				벼 성장		
긴꼬리 투구새우 성장 단계	발생	산란	죽음	잠복기		
시간 변화	5월	6월	7월	8월		
올챙이	서식지 공유	먹이 경쟁 관계/개구리				
	유생을 먹을 가능성 있음	알을 먹음				

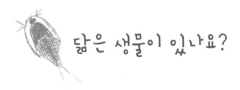

닮은 생물이 있나요?

긴꼬리투구새우는 사막 생물과 생태가 비슷합니다. 사막 생물이란 사막처럼 건조한 환경에 비가 내리면 잠깐 생기는 웅덩이에서 1~2개월 동안 살다가 사라지는 생물을 일컫습니다. 물벼룩, 조개벌레, 풍년새우를 대표로 꼽을 수 있습니다.

긴꼬리투구새우와 비슷하게 이들은 수온이 20℃ 정도 되면 빛에 반응해 부화한 뒤 빠르게 성장합니다. 그리고서 역시 빠르게 알을 낳으

털줄뾰족코조개벌레

풍년새우

며 30~40일 살다가 갑자기 사라집니다. 가을과 겨울은 땅속에서 알로 보내며, 빛이 닿지 않아도 수년간 생명을 유지할 수 있습니다.

이 가운데서도 긴꼬리투구새우와 특히 비슷한 풍년새우를 조금 더 알아보겠습니다. 알은 긴꼬리투구새우처럼 5월쯤 논에 물을 대면 부화하며, 역시 내구란입니다. 동그랗고 검은색이며 표면이 울퉁불퉁합니다. 오각형으로 연결된 구조이며 오각형 가운데가 푹 들어갔습니다. 외막은 긴꼬리투구새우와 다르게 통째로 떨어져 나갑니다. 외부 압력에 견디는 힘이 긴꼬리투구새우 알보다 떨어집니다. 외막이 손상되면 알 내부도 손상되며 배막도 제대로 발달하지 않습니다. 발생한 지 10일쯤 지나면 알을 100개 이상 낳습니다. 2주가 지나 다 자란 개체는 알맞은 조건에서 일주일 간격으로 알을 낳습니다.

꼬리가 한 쌍이고 다리가 많은 점에서 풍년새우는 긴꼬리투구새우와 비슷하게 생긴 듯하지만 자세히 보면 다른 점이 많습니다. 긴꼬리투구새우는 몸마디가 많고 배갑이 있으며, 꼬리가 길고 어두운 갈색이며 마디가 많습니다. 반면 풍년새우는 배갑이 없고 머리 가장자리에 검은 눈이 뚜렷이 보이며, 꼬리가 짧고 주황색입니다.

암수가 따로 있고 길이 2.5cm 안팎으로 자라며 암컷이 조금 더 큽니다. 몸은 가느다란 원통 모양이고 머리, 몸통(20마디), 꼬리로 나뉩니다. 머리 양쪽에는 자루가 달린 눈이 한 쌍 있습니다. 머리 앞쪽으로 작고 가는 촉각 한 쌍이 뻗었고, 머리 위쪽으로는 큰 촉각이 한 쌍 있습니다. 큰 촉각에는 기다란 돌기 4~6개가 몸 안쪽으로 뻗었습니다. 암컷의 큰 촉각은 끝이 뾰족한 나뭇잎 모양이고 수컷은 낫 모양입니다. 가슴다리 11쌍이 머리부터 마디마다 한 쌍씩 붙어 있습니다.

◉ 풍년새우 알

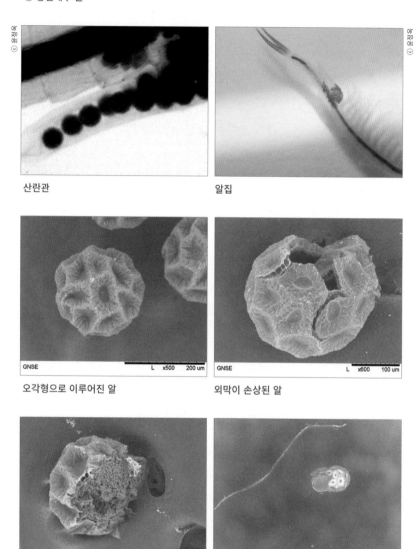

산란관

알집

오각형으로 이루어진 알

외막이 손상된 알

폐포층

부화 장면

◉ 풍년새우 생김새

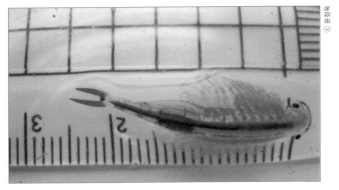

성체

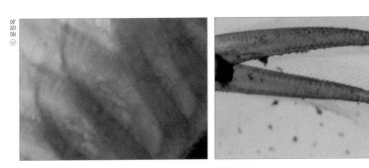

부속지   꼬리

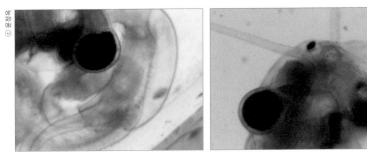

수컷 머리   암컷 머리

꼬리는 2개로 납작한 채찍 모양이며 가느다란 털이 사방으로 일정하게 나 있습니다. 꼬리는 방향을 바꿀 때 물고기 지느러미 같은 역할을 합니다.

대개 긴꼬리투구새우는 7월 초(늦어도 7월 말)까지 보이지만 풍년새우는 8월 말까지도 논에서 보입니다. 둘 다 논에서 생활하지만 긴꼬리투구새우보다 풍년새우 서식 범위가 더 넓습니다. 풍년새우는 거꾸로 누워 가슴다리로 헤엄치지만 땅 위에서 기어 다니지는 못합니다. 유생은 플랑크톤을 먹고 자라며, 성체는 가슴다리를 바닥에 대고 이동하며 녹조류를 먹습니다. 긴꼬리투구새우나 물방개, 개구리, 새, 물고기 등의 먹이가 됩니다.

논에서 헤엄치는 풍년새우

부록

긴꼬리투구새우 기르는 방법

긴꼬리투구새우를 잡아서 집으로 가져가려 하면 이동하는 동안 대부분 죽습니다. 살아있는 채로 가져가려면 이동식 산소 공급기가 있는 어항을 준비해야 합니다. 살아있는 생물을 기를 때는 최대한 그 종이 살던 환경과 비슷하게 만들어 주어야 합니다. 긴꼬리투구새우는 논과 가장 비슷한 환경을 만들어 주면 됩니다.

긴꼬리투구새우 관찰 모임인 '하늘강'에서는 2003~2004년에 인공논을 이용한 실험, 2008년에 환경부 야생동식물 복원 사업으로 진행된 인공 증식 알을 이용한 실험, 2012년과 2014년에 트리옵스 사육 세트를 이용한 실험을 했습니다. 이 실험 내용을 바탕으로 긴꼬리투구새우 기르는 방법을 알려드립니다.

인공 논을 이용한 실험 1

① 환경 적응력을 높이고자 긴꼬리투구새우가 사는 논흙을 퍼 옵니다.
② 긴꼬리투구새우가 사는 환경을 만들어 주고자 모를 심습니다.
③ 물 높이를 10㎝ 이상으로 유지하고 산소 공급기를 넣어 부패를 막습니다. 이때 논에
    흐르는 물처럼 물살이 너무 빠르지 않게 합니다.
④ 먹이를 따로 주지 않습니다.

긴꼬리투구새우 사육(2003년, 일운초등학교)

사육한 긴꼬리투구새우가 탈피해서 성장했습니다.
길이 약 2㎝인 긴꼬리투구새우를 20일 동안 관찰했습니다.

인공 논을 이용한 실험 2

① 실험 1과 같은 방법으로 인공 논을 만듭니다.
② 먹이로 풍년새우를 넣습니다.

긴꼬리투구새우 인공 서식지 만드는 과정(2004년, 칠천초등학교)
이 방법으로 길이 2㎝인 긴꼬리투구새우를 25일 동안 관찰했습니다.

인공 증식 알을 이용한 실험

① 알과 모래를 비커에 넣고 물을 채웁니다.
② 비커를 창가에 두고 긴꼬리투구새우 발생을 확인합니다.
③ 발생 2일 뒤부터 조금씩 먹이를 줍니다.
④ 길이 약 0.5cm로 자라면 인공 논으로 옮겨 줍니다. 이때 인공 논이 좁고 온도가 너무 올라가면 움직임이 둔해지며 죽습니다.
⑤ 인공 논에서 자라는 모습을 관찰합니다.

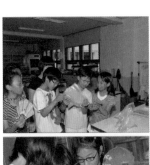

인공 증식 알 사육 관찰 실험(2008년, 계룡초등학교)

사육하다 죽은 긴꼬리투구새우

트리옵스 사육 세트를 이용한 실험 1

① 사육 용기에 물을 넣어 알을 먼저 부화시킵니다.
② 백열등으로 온도를 조절합니다.
③ 발생하면 알을 제거하고 1일 뒤에 먹이를 줍니다.
④ 물 온도를 25℃ 안팎으로 유지하고 성장 과정을 관찰합니다.
⑤ 물은 4일에 1번, 2/5 정도 갈아 줍니다.
⑥ 먹이는 4일에 1번 줍니다. 먹이가 부패해서 물이 썩지 않도록 주의합니다.

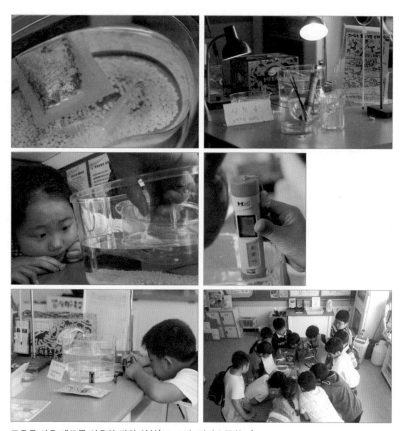

교육용 사육 세트를 이용한 관찰 실험(2012년, 명사초등학교)

트리옵스 사육 세트를 이용한 실험 2

① 실험 1과 같은 조건으로 발생률 실험을 함께 진행합니다.
② 1차로 알을 넣으면 약 20%가 발생합니다.
③ 나머지 알을 건조해서 다시 넣으면 약 5%가 발생합니다.
④ 자연 상태와 마찬가지로 알이 차례대로 발생하는 것을 알 수 있습니다.

판매용 트리옵스 사육 세트를 이용한 발생 실험(2014년, 오비초등학교)

긴꼬리투구새우 길러 보기

준비물: 알, 사육 용기 2개(작은 것, 큰 것), 물, 온도 조절용 백열등, 흙, 먹이, 온도계

① 속이 잘 보이는 작은 용기를 씻어서 하루 동안 햇볕에 말립니다.
② 말린 용기에 개울물처럼 자연에서 떠 온 물을 채웁니다. 수돗물이라면 미리 받아 놓고 하루 뒤에 채웁니다.
③ 물 온도가 25℃ 정도일 때 알을 넣습니다. 온도를 잘 유지해야 부화율을 높일 수 있습니다.
④ 알을 넣은 뒤 24시간에서 72시간 안에 부화합니다.
⑤ 큰 용기를 따로 준비해서 바닥에 모래나 진흙을 깔고 물을 채웁니다.
⑥ 부화한 유생은 하루 뒤에 미리 준비한 큰 용기로 옮겨 줍니다. 바닥에 모래를 미리 깔아 두면 부유물이 가라앉아 유생 활동을 또렷이 관찰할 수 있습니다. 인공 논을 만들어 사육할 때도 미리 모를 심어 물속 부유물이 가라앉아 깨끗해진 뒤에 알을 넣습니다.
⑦ 사육 세트에 든 먹이나 열대어 사료(발생 초기에는 갈아서), 장구벌레, 깔따구 등을 잡아서 먹이로 줍니다. 인공 논이라면 먹이를 주지 않아도 됩니다.
⑧ 먹이를 주고 나면 물이 부패하는 걸 막고자 4~5일마다 물을 2/5 정도 갈아 줍니다. 부화한 뒤 일주일 동안 발생률이 높지만, 길이 0.5㎝ 정도가 되기 전에 죽는 개체가 많이 나타납니다. 그러므로 발생 초기에 물을 잘 관리하고 알맞은 온도를 유지해야 합니다.
⑨ 성장하는 동안 행동을 관찰하고 기록합니다. 인공 사육한 개체는 대체로 발생 15일 뒤 1㎝ 안팎, 20일 뒤 1.5㎝ 안팎, 30일 뒤 2㎝ 안팎으로 자랍니다. 자연 상태와 달리 인공 사육을 하면 2.5㎝ 이상 자라지 않습니다.
⑩ 온도계를 설치해서 물 온도를 일정하게 유지하고 깨끗하게 관리합니다.

2003년 4학년 담임을 맡았습니다. 4학년 과학 교육 과정에는 습지를 중심으로 생태계를 이해하는 내용이 있습니다. 어떤 방식으로 수업을 진행할지 궁리하다가 아이들과 함께 작은 연못을 만들었습니다.

2003년 6월 12일 아침, 연못에 넣을 올챙이를 잡으러 갔던 아이들이 이상하게 생긴 물속 동물을 발견해 학교로 가져왔습니다.

"외계인 같아요. 얘 이름이 뭐예요?"

긴꼬리투구새우와 처음 만난 순간이었습니다. 그날부터 아이들의 질문에 답하고자 '하늘강'이라는 모임을 만들고 함께 긴꼬리투구새우

알쏭달쏭 생태 연못 만들기 활동 과정에서 긴꼬리투구새우를 발견한 하늘강 1기

조사를 시작했습니다. 하늘강 활동은 2005년 환경부에서 실시한 한중일 3개국 환경 교육 우수 사례로 선정되었습니다.

아이들이 던진 질문에 어른들이 답하기 시작했습니다. 아이들 호기심이 우리나라 긴꼬리투구새우 연구 불씨가 된 셈입니다.

2003년 6월 12일에 일운초등학교 학생이
발견한 긴꼬리투구새우

발견 장소

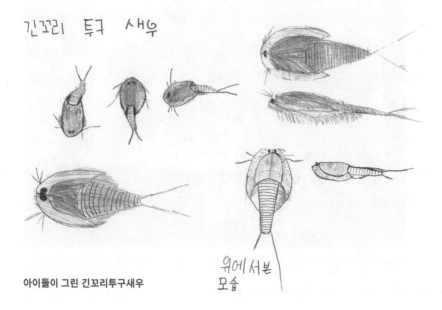

아이들이 그린 긴꼬리투구새우

참고문헌

- 고두철, 이창훈, 조상흠. 2015. 트라이옵스 난각 제거 기법을 통한 알 구조 및 초기 발생과정 탐구. 국립중앙과학관.
- 권순직, 권혁영, 전영철, 이종은, 원두희. 2009. 온도가 긴꼬리투구새우(*Triops longicaudatus* (LeConte, 1846): Triopsidae, Notostraca)의 부화에 미치는 영향. 한국하천호수학회지 42.
- 권순직, 전영철, 박재흥, 원두희, 서을원, 이종은. 2010. 수온이 긴꼬리투구새우(배갑목: 투구새우과)의 생장에 미치는 영향. 한국생명과학회 20.
- 권순직, 전영철, 박재흥, 원두희, 서을원, 이종은. 2010. 한국산 긴꼬리투구새우 (Crustacea: Notostraca; *Triops longicaudatus* (LeConte))의 분포 및 서식지 특성. 한국하천호수학회지 43.
- 권순직, 전영철, 박재흥. 2013. 물속 생물 도감. 자연과생태.
- 권순직. 2011. 한국산 긴꼬리투구새우의 생태학적 연구. 안동대학교.
- 김명철, 천승필, 이존국. 2013. 하천생태계와 담수무척추동물. 지오북.
- 농촌진흥청 국립농업과학원 2008. 논 생태계 수서무척추동물 도감(증보판). 농촌진흥청.
- 류주선. 2011. 멸종위기 큰바다사자와 긴꼬리투구새우의 미트콘드리아 유전체 연구. 경북대학교.
- 배지현, 권혜길, 한민수. 2011. 논에서 만나는 133가지 생물도감. 그물코.
- 변영호, 임경련. 2005. 거제도 멸종위기 야생동식물 II급 긴꼬리투구새우 생태 및 서식지 조사. 국립중앙과학관.
- 원두희, 권순직, 전영철. 2005. 한국의 수서곤충. 생태조사단.
- 원두희. 2009. 긴꼬리투구새우의 인공증식 복원 기법 개발. 환경부.
- 윤석평, 문용주. 2006. 멸종위기 보호 II급 긴꼬리투구새우의 생태 적용을 통한 인공증식과 이용에 관한 연구. 국립중앙과학관.
- 윤석평. 2004. 긴꼬리 투구새우를 이용한 친환경 농법 연구. 전라북도교육청 전북교육 통권 32.

- 윤성명, 김원, 김훈수. 1992. 한국산 투구새우류 1종, *Triops longicaudatus* (LeConte, 1846) (배갑목, 투구새우과)의 재기재. 한국동물분류학회지 특간.
- 윤일병. 1995. 수서곤충 검색도설. 정행사.
- 윤정옥. 2011. 풍년새우(*Branchinella kugenumaensis*)의 생태 환경에 대한 연구. 국립중앙과학관.
- 이영민. 2009. 멸종위기 동물 보호종 2급 긴꼬리투구새우 보호를 위한 적정 시비에 관한 연구. 국립중앙과학관.
- 이창훈. 2011. 국내산 풍년새우를 이용한 브라인쉬림프 대체용 양식사료 개발 기술. 농림수산식품부.

- Jiyeon Seong, Se Won Kang, Bharat Bhusan Patnaik, So Young Park, Hee Ju Hwang , Jong Min Chung, Dae Kwon Song, Mi Young Noh, Seung-Hwan Park, Gwang Joo Jeon, Hong Sik Kong, Soonok Kim, Ui Wook Hwang, Hong Seog Park, Yeon Soo Han and Yong Seok Lee. 2016, Transcriptome Analysis of the Tadpole Shrimp (*Triops longicaudatus*) by Illumina Paired-End Sequencing: Assembly, Annotation, and Marker Discovery. Genes.
- Su Youn Baek, Sang Ki Kim, Shi Hyun Ryu, Ho Young Suk, Eun Hwa Choi, Kuem Hee Jang, Myounghai Kwak, Jumin Jun, Soon-ok Kim, and Ui Wook Hwang. 2013. Population genetic structure and phylogenetic origin of *Triops longicaudatus* (Branchiopoda: Notostraca) on the Korean Peninsula. Journal of Crustacean Biology.

- 谷本雄治. 1998. カブトエビの飼育と観察. さ・え・ら書房.
- 近藤繁生, 谷幸三, 高橋保郎, 益田芳樹. 2005. ため池と水田の生き物図鑑. トンボ出版.
- 内山りゅう. 2005. 田んぼの生き物図鑑. 山と溪谷社.
- 矢野宏二. 2002. 水田の昆虫誌. 東海大学出版会.
- 秋田正人. 2000. カブトエビのすべて. 八坂書房.

- http://blog.naver.com/PostView.nhn?blogId=kiss5645&logNo=1401779468 65&parentCategoryNo=&categoryNo=142&viewDate=&isShowPopularPost s=true&from=search
- www.kumagaya.or.jp